万有童书

Wo de Di-yi Ben Konglong Zhishi Dao

我的第一本恐龙知识大全

文 睿 编写

北方联合出版传媒（集团）股份有限公司
辽宁少年儿童出版社
沈 阳

目录

最凶残的恐龙——暴龙

我就是大名鼎鼎的暴龙，又称霸王龙，有史以来陆地上体型最大的肉食动物。头部是我最厉害的武器，两颊肌肉发达，有非常大的撕咬力量，下颌非常大，牙齿远比其他恐龙大，脖子短而粗，身体结实，后肢强健粗壮。如此庞大的身形，没有恐龙敢招惹我，我是无敌的顶级杀手！

牙齿像刀子一样锋利，最长的能达30厘米，牙齿是它最有利的攻击武器，猎物一旦被咬住，没有一个能逃走。霸王龙能咬穿猎物的肉和骨头，将肉大块扯下。

嗅觉高度发达，能嗅到很远地方的猎物气味。视觉也很敏锐。

手臂异常短小，在捕猎的时候几乎没什么用。可能在霸王龙从地上站立起来时帮助它支撑身体，或是在咬伤其他猎物时，不让它们乱晃，当勾爪使用。

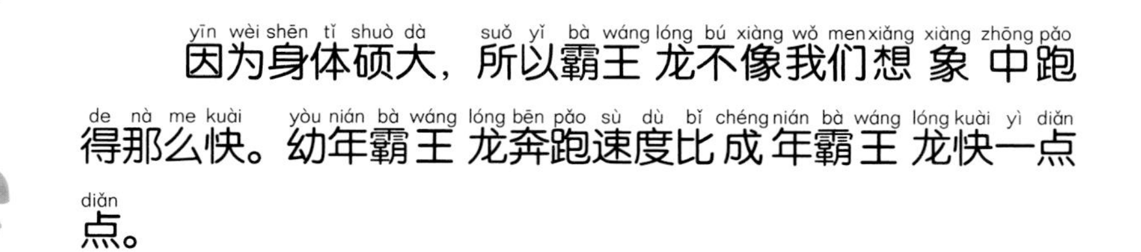

因为身体硕大，所以霸王龙不像我们想象中跑得那么快。幼年霸王龙奔跑速度比成年霸王龙快一点点。

大尾巴用来保持身体和头部之间的平衡，捕猎时，结实的尾巴还可以用来抽打猎物。

长长的恐龙——梁龙

我是梁龙，长脖子，长尾巴，小脑袋，是比较著名的长恐龙。如果把我的身体竖起来，有十层楼高呢！我生活在陆地或沼泽地里，喜欢在湖中嬉戏，树叶是我最喜欢的美餐。我喜欢慢慢地走路。

梁龙温驯，虽然个头儿大，但还是会遭到凶猛的肉食恐龙的攻击。遇到敌人时，梁龙自我保护的方法通常有两招：一是用脚又踢又踩，二是用长尾巴抽打。这两招都不管用的话，梁龙就危险啦！

bó zi zuì cháng de kǒng lóng——mǎ mén xī lóng
脖子最长的恐龙——马门溪龙

wǒ jiào mǎ mén xī lóng wǒ de bó zi yǒu shí mǐ zuǒ yòu cháng zhàn le shēn tǐ cháng dù de yí bàn shì bó zi zuì cháng de kǒng lóng cháng jǐng lù yě bù gǎn gēn wǒ bǐ bó zi ne wǒ zuì xǐ huan chī de měi shí shì zhēn yè shù de shù yè hé róu ruǎn de zá mù

我叫马门溪龙，我的脖子有十米左右长，占了身体长度的一半，是脖子最长的恐龙！长颈鹿也不敢跟我比脖子呢！我最喜欢吃的美食是针叶树的树叶和柔软的杂木。

马门溪龙是在中国四川省的马门溪地区被发现的。

它的脖子由19块骨头组成，骨头之间有缝隙，很容易弯曲。

结实的长尾巴可以挥动起来抵御肉食恐龙的攻击。

最早被发现的恐龙——禽龙

你们认识我吗？我可是人类最早发现的恐龙——禽龙。我生活在白垩纪早期，因为我的骨架总体形状像个放大的鸟骨架，属于鸟脚龙，所以被取名禽龙，意思是像鸟一样的恐龙。可惜我太重了，不能像鸟一样自由飞翔。

平时一般用四条腿行走，但要吃高处树叶或遇到其他特殊情况时，也可以用两条后腿走路，会在地上留下深深的足印。

禽龙最有名的特征是两只爪都长着尖刺般的大拇指，因此，也被称为“竖起大拇指的恐龙”。这两个竖起的钉子一样的指尖刺可是它的利器，甚至比匕首还好使。当遇到肉食恐龙进攻时，禽龙会用“双手”紧紧卡住敌人的脖子，再用两根尖刺去刺敌人。

qín lóng xìng qíng wēn shùn guò zhe qún jū shēng huó
禽龙性情温顺，过着群居生活。

zhuāng jiǎ zuì hòu de kǒng lóng —— jiǎ lóng
装甲最厚的恐龙——甲龙

wǒ shì jiǎ lóng　cóng tóu dào wěi dōu shì zhòng xíng zhuāng jiǎ　hòu zhòng de
我是甲龙，从头到尾都是重型装甲，厚重的
gǔ jiǎ huó xiàng yí liàng tǎn kè　suǒ yǐ yòu jiào tǎn kè lóng　wǒ yǒu yì tiáo yǒu
骨甲活像一辆坦克，所以又叫坦克龙。我有一条有
lì de dà wěi ba　wěi jiān yǒu yí gè dà gǔ chuí　kě yǐ rèn yì yòng tā lái
力的大尾巴，尾尖有一个大鼓锤，可以任意用它来
jī dǎ xí jī wǒ de dí rén　zài jiān yìng de gǔ jiǎ jí jiào ruǎn ruò de fù cè
击打袭击我的敌人。在坚硬的骨甲及较软弱的腹侧
biān　hái zhǎng yǒu gǔ cì
边，还长有骨刺。

因为长得矮，牙齿又比较弱，所以甲龙只吃大量地面上长得低低的植物及多汁的植物根、茎。

rú guǒ yù dào ròu shí kǒng lóng xí
如果遇到肉食恐龙袭
jī jiǎ lóng mǎ shàng jiù huì fù bù zháo
击，甲龙马上就会腹部着
dì bǎ zhěng gè shēn tǐ quán suō qǐ
地，把整个身体蜷缩起
lái liú zài wài miàn de quán bù shì jiān gù
来，留在外面的全部是坚固
de kǎi jiǎ zhè shí gōng jī jiǎ lóng de wéi
的铠甲。这时攻击甲龙的唯
yī bàn fǎ jiù shì bǎ tā zhěng gè fān guò
一办法就是把它整个翻过
lái lù chū zhì mìng de ruò diǎn róu
来，露出致命的弱点——柔
ruǎn de fù bù dàn shì xiǎng bǎ jǐ dūn
软的腹部。但是想把几吨
zhòng de kǒng lóng fān guò lái kě bú shì
重的恐龙翻过来，可不是
jiàn róng yì de shì er
件容易的事儿。

甲龙是四足行走的恐龙，平时常常趴在草丛里一动也不动，敌人很难发现它们。遇到危险，反应十分灵敏，遭遇袭击时能迅速还击。

xíng dòng zuì chí huǎn de kǒng lóng —— jiàn lóng

行动最迟缓的恐龙——剑龙

dà jiā hǎo wǒ shì jiàn lóng kàn dào wǒ bèi shang de gǔ bǎn le ma
大家好，我是剑龙。看到我背上的骨板了吗？
zhè shì wǒ zuì míng xiǎn de tè zhēng la bèn zhòng de wěi ba shang yě zhǎng yǒu yí
这是我最明显的特征啦。笨重的尾巴上也长有一
duì yí duì de jiān cì měi gēn dà yuē yǒu mǐ cháng shì wǒ zhǔ yào de fáng
对一对的尖刺，每根大约有1米长，是我主要的防
dí wǔ qì wǒ xìng qíng wēn shùn shēng huó zài sēn lín li kù sì bō luó de
敌武器。我性情温顺，生活在森林里，酷似菠萝的
sū tiě hé jué lèi zhí wù de nèn yè shì wǒ zuì ài de cài yáo
苏铁和蕨类植物的嫩叶，是我最爱的菜肴。

剑龙头小，它的身长有6～9米，体重达3～6吨，头部的长度只有40厘米，脑只有70克重，和核桃差不多，剑龙应该算是比较笨的恐龙啦。

剑龙的骨板里分布着很多小血管，当骨板向着太阳时，从这里流过的血就会变热，使体温升高；没有阳光或是凉风吹起的时候，骨板又能散热降温。真是一个绝妙的身体“空调器”。

骨板还使剑龙的身体看起来比实际要大一些，也起到威吓肉食恐龙的作用，使它们不敢随便发起攻击。骨板很锋利，也可以用来攻击敌人。

牙齿最多的恐龙——鸭嘴龙

嗨，小朋友好，我是生活在白垩纪晚期最繁盛的恐龙，因为我的嘴像鸭子的嘴，所以被称为鸭嘴龙。告诉你们一个秘密，我的牙齿有2000多颗，是牙齿最多的恐龙！我的眼睛比较大，视力不错。还有粗壮的后肢，走路就靠它们了。

鸭嘴龙没有防御能力，当有肉食恐龙攻击时，只能是及早发现敌情，马上逃跑。为了尽早发现危险，鸭嘴龙有灵敏的视觉、听觉和嗅觉，并能发出尖叫，及早拉响“警报”。
鸭嘴龙是素食恐龙，因为它长着一口好牙，而且牙齿多着呢，排成一个巨大的磨场，所以什么植物都能磨碎，树叶、小树枝、种子等都是它的美餐。

yā zuǐ lóng zuì yǒu tè diǎn de shì tā men de tóu bù dōu yǒu yí gè yǒu
鸭嘴龙最有特点的是它们的头部，都有一个有
tè sè de mào zi gǔ shēng wù xué jiā chēng wéi dǐng shì guān zhuàng wù
特色的“帽子”，古生物学家称为顶饰、冠状物
huò jí tū bù tóng zhǒng lèi de yā zuǐ lóng dǐng shì yě bù tóng yòng tóu
或棘突。不同种类的鸭嘴龙，顶饰也不同。用头
guān lái qū bié yā zuǐ lóng shì hěn hǎo de bàn fǎ yo
冠来区别鸭嘴龙是很好的办法哟！

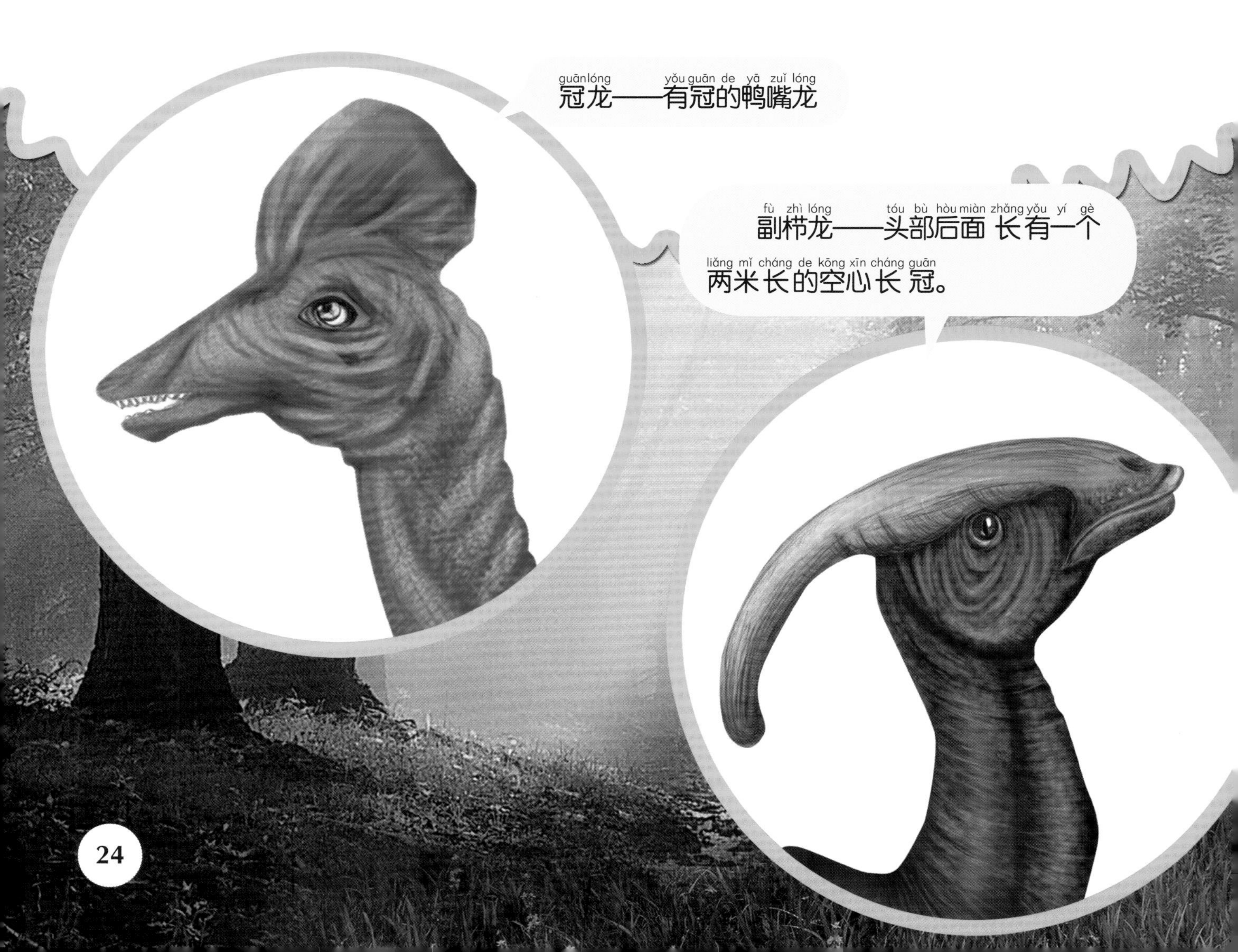

yā zuǐ lóng de mào zi dǐng shì kě bù jǐn jǐn shì wèi le měi guān
鸭嘴龙的“帽子”顶饰可不仅仅是为了美观，
fù zhì lóng qīng dǎo lóng de dǐng shì dōu shì zhōng kōng de yǔ bí qiāng xiāng
副栉龙、青岛龙的顶饰都是中空的，与鼻腔相
lián xiàng lǎ ba yí yàng kě yǐ fā chū hěn duō zhǒng shēng yīn
连，像喇叭一样，可以发出很多种声音。

zuì yǒu míng de jiǎo lóng —— sān jiǎo lóng
最有名的角龙——三角龙

wǒ jiào sān jiǎo lóng shì cháng jiǎo lèi kǒng lóng zhōng zuì yǒu míng de
我叫三角龙，是长角类恐龙中最有名的。
wǒ zhǎng yǒu sān gè jiǎo yǎn jing shàng fāng yǒu yí duì lí mǐ cháng de dà
我长有三个角，眼睛上方有一对90厘米长的大
jiǎo bí zi de shàng miàn hái zhǎng yǒu yí gè xiǎo jiǎo píng shí wǒ xìng qíng hěn
角，鼻子的上面还长有一个小角。平时我性情很
wēn shùn shòu dào ròu shí kǒng lóng gōng jī shí zhè xiē jiǎo jiù huì qiào qǐ lái fǎn
温顺，受到肉食恐龙攻击时，这些角就会翘起来反
jī shì wǒ zuì yǒu lì de jué dòu wǔ qì
击，是我最有利的决斗武器。

三角龙的颅后部延长成为巨大的颈盾，相当于一个实心的盾牌，在其他恐龙攻击时起到保护作用。这个盾牌还有一个重要功能，当向雌性三角龙表达爱意时，它会如孔雀尾巴一样呈现出华丽的色彩。

zuì huì bǔ yú de kǒng lóng zhòng zhǎo lóng
最会捕鱼的恐龙——重爪龙

wǒ shì zhòng zhǎo lóng shēng huó zài shuǐ biān shì zuì huì bǔ yú de kǒng
我是重爪龙，生活在水边，是最会捕鱼的恐
lóng wǒ yòng lì zhǎo zhuā zhù yú yuán zhuī xíng de yá chǐ shì hé yǎo zhù huá liū
龙。我用利爪抓住鱼，圆锥形的牙齿适合咬住滑溜
liū de yú yú shì wǒ zuì ài chī de měi wèi wǒ tóu bù biǎn cháng dōu shuō
溜的鱼，鱼是我最爱吃的美味。我头部扁长，都说
wǒ de zhěng gè tóu bù yǔ è yú shí fēn xiāng sì
我的整个头部与鳄鱼十分相似。

我有三根有力的手指，特别是长着超级大爪的拇指。当一个叫沃克的业余化石收藏者挖到“超级大爪”时吓了一大跳：这个镰刀状，尖端如短剑的爪子超过了30厘米长！

戴“头盔”的恐龙——肿头龙

我就是头盖骨异常肿厚的肿头龙。古今动物中也没有能与我相比的，厚度达25厘米。当我们为了争夺雌性恐龙而进行格斗时，往往进行猛烈的“碰头”大战。另外，在种群里确定排序顺序，或是受到肉食恐龙的攻击时，都会用厚厚的头来撞击。

肿头龙厚厚的头骨里，有气袋包裹着只有网球大小的脑。这样的结构可以在撞击的时候减少冲击力，保护脑子。另外，搏斗的时候，头低下，背拉直，头、背、尾呈一条直线，也可以减少冲击力。所以肿头龙用头撞击的时候，一般不会伤到脑。

míng zi zuì duǎn de kǒng lóng —— mèi lóng

名字最短的恐龙——寐龙

hēi xiǎo péng yǒu hǎo wǒ bèi fā xiàn de shí hou shì hān rán rù shuì de
嗨，小朋友好，我被发现的时候是酣然入睡的
zhuàng tài suǒ yǐ bèi kē xué jiā mìng míng wéi mèi lóng lā dīng xué míng
状态，所以被科学家命名为“寐龙”。拉丁学名
zhǐ yǒu sān gè zì mǔ shì míng zi zuì duǎn de kǒng lóng nǐ men yí xià jiù jì
只有三个字母，是名字最短的恐龙。你们一下就记
zhù wǒ le ba
住我了吧？

寐龙是首次被发现死前处于睡眠状态的恐龙化石，头埋在一个前肢下面，与现代鸟类的睡眠状态非常相似。整体形态也很像一只大鸟，身上长有羽毛，并有一条长长的尾巴。

第一只长着细绒毛的恐龙——中华龙鸟

dì yī zhī zhǎng zhe xì róng máo de kǒng lóng zhōng huá lóng niǎo

我的发现可是爆炸性新闻，我是在中国辽西北票被找到的，是世界上发现的第一只长有绒状细毛的恐龙。形体大小和鸡差不多，头较大，有牙齿，前肢短小，后肢粗壮，行动敏捷，但还不具备飞翔能力。

由我国季强博士研究命名的中华龙鸟意义重大，为我们提供了从爬行动物向鸟类进化的新证据。中华龙鸟既保留了小型兽脚类恐龙的一些特征，又具有鸟类的一些基本特征，成为恐龙向鸟类进化的中间环节。

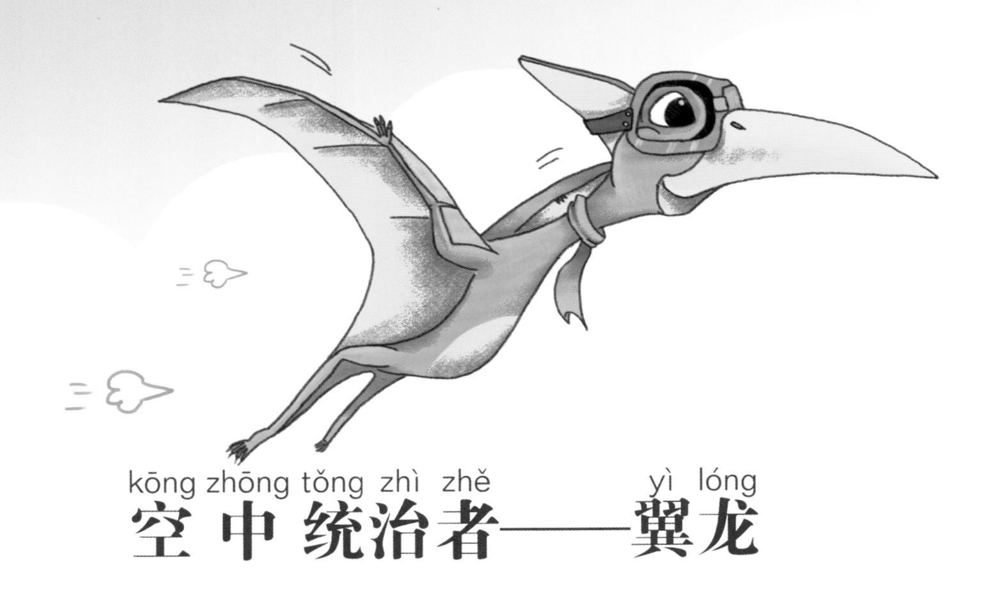

空中统治者——翼龙

嗨，我是翼龙，以前有一种说法认为我是会飞的恐龙，其实这是错误的哟。恐龙是统治整个中生代，在陆地上生活，属于爬虫类，可以直立行走的动物。而我们翼龙虽然出现在三叠纪的后期，灭绝于白垩纪后期，但我们是“有翅膀的蜥蜴”。

我们是天空的统治者，很多特征和恐龙不符，所以翼龙既不属于恐龙，也不属于鸟类。我们和今天小朋友知道的蝙蝠非常像。

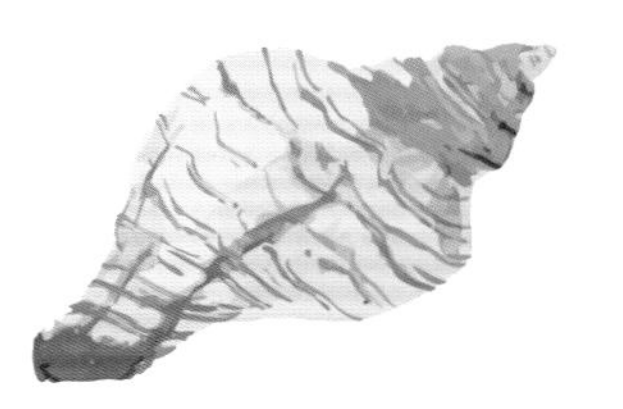

海洋霸主——沧龙

hǎi yáng bà zhǔ cāng lóng

嗨，我出现在白垩纪后期，虽然不是恐龙，但我是恐龙同时代的海洋霸主哟！沧龙的整个身体形态及头骨和蜥蜴都很像，身体像鱼一样长而且有鳍，游泳的时候，像海蛇一样左右摆动前进。

沧龙拥有巨大的头部，头骨长达1.8米，有强壮的腭和尖利的牙齿，牙齿呈圆锥形，双腭在咬合的同时，会产生巨大扭力将猎物拦腰咬断，进食方式很血腥。

kǒng lóng shì shén me yàng de dòng wù

恐龙是什么样的动物

kǒng lóng shì shēng huó zài jù jīn yì nián zhì wàn nián qián
恐龙是生活在距今2.35亿年至6500万年前，
néng yǐ hòu zhī zhī chēng shēn tǐ zhí lì xíng zǒu yǐ miè jué de yí lèi lù shēng
能以后肢支撑身体直立行走、已灭绝的一类陆生
pá xíng dòng wù yǔ qí tā pá xíng dòng wù xiāng bǐ kǒng lóng de sì zhī zhǎng
爬行动物。与其他爬行动物相比，恐龙的四肢长
zài shēn tǐ xià bian ér è yú děng pá xíng dòng wù sì zhī zhǎng zài shēn tǐ páng
在身体下边，而鳄鱼等爬行动物四肢长在身体旁
biān kǒng lóng kě yǐ zhí lì xíng zǒu yòng sì zhī néng zhī chēng qǐ jù dà de
边。恐龙可以直立行走，用四肢能支撑起巨大的
shēn tǐ ér qí tā pá xíng dòng wù zé bù néng lìng wài kǒng lóng de bù fú
身体，而其他爬行动物则不能。另外，恐龙的步幅
gèng dà xíng dòng de sù dù gèng kuài
更大，行动的速度更快。

kǒnglóng wèi shén me huì miè jué
恐龙为什么会灭绝

wàn nián qián tǒng zhì zhěng gè lù dì de kǒng lóng tū rán xiāo
6500万年前，统治整个陆地的恐龙突然消
shī dào mù qián wéi zhǐ rén men yě bù liǎo jiě kǒng lóng xiāo shī de zhēn zhèng
失，到目前为止，人们也不了解恐龙消失的真正
yuán yīn jǐn jǐn yǒu jǐ zhǒng jiǎ shuō lái jiě shì zhè yí xiàn xiàng jù dà
原因，仅仅有几种假说来解释这一现象。1. 巨大
de yǔn shí zhuàng jī dì qiú yǔn shí zhuàng jī dì qiú hòu chǎn shēng dà liàng de
的陨石撞击地球。陨石撞击地球后产生大量的
chén āi fù gài le zhěng gè dì qiú zǔ dǎng le yáng guāng de zhào shè dì qiú
尘埃覆盖了整个地球，阻挡了阳光的照射，地球
de qì wēn zhòu rán xià jiàng zhí wù wú fǎ jìn xíng guāng hé zuò yòng dōu sǐ
的气温骤然下降，植物无法进行光合作用，都死
qù le zhí shí kǒng lóng yīn wèi zhǎo bú dào chī de è sǐ le yǐ zhí shí kǒng
去了。植食恐龙因为找不到吃的饿死了，以植食恐
lóng wéi shí de ròu shí kǒng lóng yě bèi è sǐ le jù liè de huǒ shān bào fā
龙为食的肉食恐龙也被饿死了。2. 剧烈的火山爆发
yǐn qǐ dì qiú huán jìng de jù biàn shì fàng de gè zhǒng yǒu dú qì tǐ pò huài
引起地球环境的剧变，释放的各种有毒气体破坏
le dì qiú de shēng tài píng héng dǎo zhì kǒng lóng de miè jué qì hòu tū
了地球的生态平衡，导致恐龙的灭绝。3. 气候突
rán biàn lěng qì wēn děng gè zhǒng tiáo jiàn de biàn huà dǎo zhì le kǒng lóng de miè
然变冷，气温等各种条件的变化导致了恐龙的灭
jué
绝。

2.
3.

shén me shì ròu shí kǒng lóng hé zhí shí kǒng lóng
什么是肉食恐龙和植食恐龙

wǒ men bǎ chī ròu de kǒng lóng jiào ròu shí kǒng lóng bǐ rú bà wáng lóng
我们把吃肉的恐龙叫肉食恐龙，比如霸王龙
jiù shì yì zhǒng xiōng měng de ròu shí kǒng lóng yǒu de kǒng lóng shì sù shí zhǔ yì
就是一种凶猛的肉食恐龙。有的恐龙是素食主义
zhě yǐ zhí wù wéi shí wù jiù shì zhí shí kǒng lóng zhí shí kǒng lóng céng
者，以植物为食物，就是植食恐龙。植食恐龙曾
shì lù dì shang zuì dà de dòng wù yì tóu ā gēn tíng lóng shēn cháng kě dá
是陆地上最大的动物，一头阿根廷龙身长可达30
mǐ tǐ zhòng dūn tā bǐ zuì zhòng de ròu shí kǒng lóng hái zhòng bèi
米，体重100吨，它比最重的肉食恐龙还重10倍
ne ér qiě zhí shí kǒng lóng de shù liàng yào bǐ ròu shí kǒng lóng duō chà bu duō
呢！而且植食恐龙的数量要比肉食恐龙多，差不多
sān fēn zhī èr de kǒng lóng dōu shì zhí shí kǒng lóng
三分之二的恐龙都是植食恐龙。

你知道植食恐龙的秘密吗

科学家曾经在植食恐龙的胃部，发现了许多被磨光的小石头。这些小石头被称为“胃石”。原来，很多素食恐龙的牙齿又小又薄，没有可以咀嚼食物的臼齿，只有靠胃里的石头来帮助消化胃中的食物。

tiān na yuán lái kǒng lóng hé jī yí
天哪，原来恐龙和鸡一
yàng yě chī shí tou
样，也吃石头！

植食恐龙如何保护自己

为了在肉食恐龙的攻击下保护自己，植食恐龙也学会了很多主动与被动防卫。主动防卫主要包括角撞、用爪猛刺、迅速逃跑等。被动防卫是指利用身上的特殊装备和伪装等来保护自己。如三角龙的脖子就是由褶边来保护的，而优头甲龙全身甚至眼皮都有结实的骨质甲板包裹着。慈母龙等靠群居生活保护幼崽和自身。

kǒng lóng cún zài le duō jiǔ

恐龙存在了多久

kǒng lóng zuì zǎo chū xiàn zài dà yuē yì wàn nián qián dà yuē

恐龙最早出现在大约 2 亿 7000 万年前，大约

wàn nián qián miè jué zài dì qiú shang cún zài de lì shǐ chāo guò le liǎng

6500 万年前灭绝。在地球上存在的历史超过了两

yì nián dì qiú shang méi yǒu rèn hé yì zhǒng shēng wù céng jīng shēng cún rú cǐ

亿年。地球上没有任何一种 生物曾经生存如此

cháng de shí jiān wǒ men rén lèi zài dì qiú shang shēng huó de shí jiān chà bu duō

长的时间！我们人类在地球上 生活的时间差不多

cái liǎng bǎi wàn nián yǔ kǒng lóng xiāng bǐ zhēn shì tài wēi bù zú dào le

才两百万年，与恐龙相比真是太微不足道了。

恐龙脚印有什么作用

恐龙踩在泥地或沙滩上，留下深深的脚印，这些印痕随着泥土和沙滩逐渐变硬，又被数层沉积物覆盖上后，最终变成了化石。恐龙脚印化石是非常难得的珍品，古生物学家可以根据它们推算出恐龙的身高、体重、生活习惯等很多秘密。

怎样给恐龙取名字

给恐龙取名字通常有三种方式：一是根据恐龙的自身特征命名，如鸭嘴龙的嘴形跟鸭嘴相似，因而得名。二是以化石发现地命名；如我们知道的马门溪龙、山东龙，等等。三是以人名命名，用这种恐龙来纪念某人。通常是科学界的前辈高人，化石的发现者等。如赖氏龙是纪念加拿大生物学家劳伦斯·赖博。

kǒng lóng míngchēng de lái lì
“恐龙”名称的来历

nián yīng guó gǔ shēng wù xué jiā ōu wén jué shì yòng lā dīng wén
1842 年，英国古生物学家欧文爵士用拉丁文
chuàng zào le yí gè míng cí bǎ zhè yí dà lèi bǐ cǐ yǒu yí dìng de qīn
创造了一个名词，把这一大类彼此有一定的亲
yuán guān xì dàn shì què biǎo xiàn de xíng xíng sè sè de pá xíng dòng wù chēng wéi
缘关系，但是却表现得形形色色的爬行动物称为
kǒng bù de xī yì rì běn rén bǎ zhè ge lā dīng míng fān yì chéng le
“恐怖的蜥蜴”。日本人把这个拉丁名翻译成了
kǒng lóng
“恐龙”。

shéi fā xiàn le kǒnglóng

谁发现了恐龙

nián yīng guó nán bù de liú yì sī xiǎo zhèn yí gè xiāng cūn
1822年，英国南部的刘易斯小镇，一个乡村
yī shēng màn tè ěr de qī zi mǎ lì ān níng wú yì zhōng zài dāng dì kuàng gōng sòng
医生曼特尔的妻子玛丽安宁无意中在当地矿工送
lái de shí tou zhōng fā xiàn le yì kē jù dà ér qí tè de dòng wù yá chǐ huà
来的石头中发现了一颗巨大而奇特的动物牙齿化
shí tā de zhàng fu shí fēn gǎn xìng qù xiān hòu bǎ jù yá sòng gěi yì xiē
石。她的丈夫十分感兴趣，先后把巨牙送给一些
zhuān jiā kàn zuì hòu bèi rèn dìng wéi qín lóng de yá chǐ jīn tiān zài màn
专家看，最后被认定为禽龙的牙齿。今天，在曼
tè ěr de gù jū qián rén men xiě dào tā fā xiàn le qín lóng
特尔的故居前人们写道：“他发现了禽龙”。

我们靠什么了解恐龙

在人类出现前，恐龙就已经灭绝了，没有人见到过活的恐龙。今天我们所知道的有关恐龙的一切都是从恐龙化石得来的。由于人们找到了它们的骨头、牙齿、卵的化石和皮肤痕迹、脚印、穴居场所等，科学家们就根据这些线索去探索有关恐龙的秘密。

科学家怎样确定恐龙化石的年龄

恐龙化石总是埋藏在一定的地层里，人们通过与恐龙埋葬在一起的其他生物化石来推测恐龙化石的年龄。有时也通过测量恐龙化石周围的岩石内所含的同位素来确定岩石形成的时间，从而确定恐龙化石的年龄。

kǒng lóng néng xiàng niǎo lèi nà yàng fū dàn ma

恐龙能像鸟类那样孵蛋吗

yǒu yí bù fen kǒng lóng shì kě yǐ de cóng chéng wō de kǒng lóng dàn huà shí
有一部分恐龙是可以的。从成窝的恐龙蛋化石
hé duì kǒng lóng chǎn luǎn dì diǎn de yán jiū chéng guǒ lái kàn bù fen kǒng lóng chǎn
和对恐龙产卵地点的研究成果来看，部分恐龙产
luǎn dì diǎn dōu xuǎn zài xiàng yáng bǎo wēn ān quán fāng biàn de dì fang
卵地点都选在向阳、保温、安全、方便的地方，
ér qiě měi yì méi luǎn de bǎi fàng wèi zhì dōu fēi cháng jīng què kē xué zhè
而且每一枚卵的摆放位置都非常精确、科学，这
xiē dōu xiǎn shì chū tā men jù yǒu jí gāo de zhì shāng hé ài xīn
些都显示出它们具有极高的智商和爱心。

恐龙是冷血动物还是恒温动物

从我们现在了解的情况看，恐龙可能同时具有恒温动物和冷血动物的特征。也许不同的恐龙，各自的生活环境不同而具有不同的身体素质。像梁龙这类行动缓慢、身材巨大的恐龙应该属于冷血动物，如果这样巨大的恐龙是恒温动物的话，要吃下多少食物才可以维持体温哪！像恐爪龙一样行动迅速的恐龙应该是恒温动物，它们和现在的鸟类、哺乳类动物有很多相似的地方。

恐龙能跑多快

在恐龙家族中，各种各样的恐龙走路的速度是不一样的。速度最慢的是四足行走的蜥脚类恐龙，它们走路的速度每小时最快也不过 7 千米；肉食类恐龙一般都是“短跑健将”，它们的速度每小时超过 40 千米，有的甚至达到 80 千米，和小轿车的速度差不多了。

恐龙会爬树吗

一些小恐龙很轻，也很灵活，可能会在树林间蹦蹦跳跳的。但是，大多数恐龙太重了，在树上并不舒服。许多大型植食恐龙可以推摇树木，来获取长在树梢上的那些含汁较多的树叶。

kǒnglóng huì shēngbìng ma
恐龙会生病吗

kǒng lóng shēng bìng de qíng kuàng kě néng yǔ xiàn zài de dòng wù fēi cháng xiāng
恐龙生病的情况可能与现在的动物非常相
sì wǒ men zhī dào kǒng lóng yǒu shí shuāi duàn le gǔ tou duàn gǔ hái néng
似。我们知道，恐龙有时摔断了骨头，断骨还能
quán yù yù hé hòu de gǔ tou zài huà shí zhōng néng qīng chu de kàn dào yì
痊愈。愈合后的骨头在化石中能清楚地看到。一
xiē gǔ gé huà shí zhèng míng kǒng lóng yě dé ái zhèng hé guān jié yán
些骨骼化石证明，恐龙也得癌症和关节炎。

kǒng lóng shì shén me yán sè de
恐龙是什么颜色的

huà shí zhōng bǎo cún bù liǎo kǒng lóng pí fū de yán sè suǒ yǐ méi yǒu rén
化石中保存不了恐龙皮肤的颜色，所以没有人
zhī dào měi tiáo kǒng lóng dào dǐ dōu shì shén me yán sè de dàn kē xué jiā men rèn
知道每条恐龙到底都是什么颜色的。但科学家们认
wéi kǒng lóng de yán sè yīng gāi yǔ zhōu wéi de huán jìng xiāng sì suǒ yǐ kǒng lóng
为恐龙的颜色应该与周围的环境相似。所以，恐龙
dà gài duō shù shì lǜ sè huò hè sè de ér zài xún zhǎo pèi ǒu shí dà gài huì
大概多数是绿色或褐色的，而在寻找配偶时大概会
biǎo xiàn chū bǐ jiào xiān yàn de yán sè
表现出比较鲜艳的颜色。

kǒnglóng de dí rén shì shéi
恐龙的敌人是谁

bù tóng de kǒnglóng kě néng yǒu bù tóng de tiān dí bié de dòng wù duì tā de wēi xié bìng bú shì tài dà zuì dà de wēi xiǎn kě néng lái zì lìng wài yì zhī kǒnglóng ròu shí kǒnglóng jīng cháng huì chéng wéi zhí shí kǒng lóng de tiān dí

不同的恐龙可能有不同的天敌。别的动物对它的威胁并不是太大，最大的危险可能来自另外一只恐龙。肉食恐龙经常会成为植食恐龙的天敌。

kǒng lóng chī rén ma

恐龙吃人吗

kǒng lóng zuì hòu cóng dì qiú shang xiāo shī shì wàn nián qián de bái è
恐龙最后从地球上消失是6500万年前的白垩
jì mò qī ér zuì zǎo de rén lèi chū xiàn bú huì zǎo yú wàn nián qián
纪末期，而最早的人类出现不会早于15万年前，
yě jiù shì shuō rén lèi de chū xiàn bǐ kǒng lóng yào wǎn hǎo jǐ qiān wàn nián yīn
也就是说人类的出现比恐龙要晚好几千万年。因
cǐ kǒng lóng gēn běn bú huì yǔ rén lèi xiāng yù jiù gèng tán bú shàng chī rén
此，恐龙根本不会与人类相遇，就更谈不上吃人
le
了。

nǐ zhī dào ròu shí kǒnglóng pà shén me ma

你知道肉食恐龙怕什么吗

ròu shí kǒnglóng suī rán xiōng měng wú dí dàn shì tā men yě yǒu yào xiǎo
肉食恐龙虽然凶猛无敌，但是它们也有要小
xīn de dì fang duì yú ròu shí kǒnglóng lái shuō diē dǎo de hòu guǒ kě shì zhì
心的地方。对于肉食恐龙来说，跌倒的后果可是致
mìng de tā men de tǐ xíng yì bān jiào dà rú guǒ zài zhuī zhú liè wù de shí
命的。它们的体型一般较大，如果在追逐猎物的时
hou bù xiǎo xīn diē dǎo shuāi duàn le tuǐ gǔ biàn huì shī qù liè shí de néng
候不小心跌倒，摔断了腿骨，便会失去猎食的能
lì shī qù liè shí néng lì jiù děng yú shī qù le shēng cún de néng lì
力。失去猎食能力就等于失去了生存的能力。

kǒng lóng yǒu ěr duo ma

恐龙有耳朵吗

yǐ fā xiàn kǒng lóng yòng yú jiē shōu hé chuán dì shēng yīn shǐ zhī cóng ěr
已发现恐龙用于接收和传递声音，使之从耳
gǔ dào dà nǎo qí tā bù wèi de gǔ gé hěn xiǎo tā men méi yǒu wǒ men rén lèi
鼓到大脑其他部位的骨骼很小。它们没有我们人类
yí yàng de ěr duo kǒng lóng de ěr duo kě néng zhǐ shì zhǎng zài nǎo dai
一样的耳朵。恐龙的“耳朵”可能只是长在脑袋
liǎng cè kào jìn bó zi de xiǎo ěr dòng zhè yǔ niǎo lèi hé xī yì shì yí yàng
两侧靠近脖子的小耳洞，这与鸟类和蜥蜴是一样
de
的。

kǒng lóng huì chū hàn ma

恐龙会出汗吗

kǒng lóng bù chū hàn cóng wǒ men de pí fū shang pái chū shuǐ fèn de kǒng jiào hàn kǒng dàn shì kǒng lóng shì pá xíng dòng wù pá xíng dòng wù shēn shang de lín zhuàng pí fū shǐ tā tǐ nèi de shuǐ fèn bú yì pái chū pí fū biǎo miàn dāng kǒng lóng gǎn dào tài rè shí tā kě néng huì dāi zài yīn liáng chù zhí dào shēn tǐ liáng xià lái hòu zài lí kāi

恐龙不出汗，从我们的皮肤上排出水分的孔叫汗孔，但是恐龙是爬行动物，爬行动物身上的鳞状皮肤使它体内的水分不易排出皮肤表面。当恐龙感到太热时，它可能会待在阴凉处，直到身体凉下来后再离开。

suǒ yǒu kǒng lóng dōu yǒu dà zhuǎ zi ma

所有恐龙都有大爪子吗

suǒ yǒu kǒng lóng bāo kuò zhí shí xìng de dōu yǒu zhuǎ zi yǒu yì xiē kǒng lóng de zhuǎ zi hái zhēn bù xiǎo ne dàn tā men de yòng tú gè bù xiāng tóng yǒu de shì yòng lái bǎo hù qí zhǐ tou de jiù hǎo xiàng jīn tiān dòng wù de tí zi yí yàng yǒu de zé yòng lái gōng jī dí rén

所有恐龙（包括植食性的）都有爪子。有一些恐龙的爪子还真不小呢！但它们的用途各不相同，有的是用来保护其指头的，就好像今天动物的蹄子一样；有的则用来攻击敌人。

你知道最大的恐龙蛋有多大吗

nǐ zhī dào zuì dà de kǒng lóng dàn yǒu duō dà ma

1993年在我国河南省南阳地区出土的极少数巨型蛋，样子像哈密瓜，长达50厘米，堪称世界之最。

nián zài wǒ guó hé nán shěng nán yáng dì qū chū tǔ de jí shǎo shù jù xíng dàn yàng zi xiàng hā mì guā cháng dá lí mǐ kān chēng shì jiè zhī zuì

120
110
100
90
80
70
60
50
?
?

nǐ zhī dào kǒng lóng dàn de mì mì ma
你知道恐龙蛋的秘密吗

kǒng lóng dàn yǒu yuán de yě yǒu cháng de dà xiǎo yě bù yí yàng chā
恐龙蛋有圆的，也有长的，大小也不一样，差
bié hěn dà hé niǎo dàn yí yàng kǒng lóng dàn de biǎo miàn yě bú shì guāng huá
别很大。和鸟蛋一样，恐龙蛋的表面也不是光滑
de dàn ké de biǎo miàn yǒu xiǎo de tū qǐ zhè shì wèi le fáng zhǐ huī chén zǔ
的，蛋壳的表面有小的突起，这是为了防止灰尘阻
sè dàn de hū xī kǒng biàn yú lǐ miàn de tāi ér gèng hǎo de hū xī
塞蛋的呼吸孔，便于里面的胎儿更好地呼吸。

cí mǔ lóng shì zěn yàng chǎn luǎn zhào gù xiǎo kǒng lóng de
慈母龙是怎样产卵、照顾小恐龙的

cí mǔ lóng bǎ tǔ duī jī qǐ lái zài lǐ miàn pū shàng shù yè zuò
慈母龙把土堆积起来，在里面铺上树叶，做
chéng yí gè zhí jìng liǎng mǐ de wō lìng wài cí mǔ lóng měi nián bǎ yuán lái
成一个直径两米的窝。另外，慈母龙每年把原来
de wō xiū shàn yí xià jì xù chǎn luǎn zuì duō shí kě yǐ chǎn xià méi cháng
的窝修缮一下继续产卵，最多时可以产下25枚长
cháng de tuǒ yuán xíng de dàn gāng pò ké ér chū de xiǎo cí mǔ lóng tuǐ hái tài
长的椭圆形的蛋。刚破壳而出的小慈母龙腿还太
ruǎn yào děng tuǐ bù màn màn jiē shi hòu cái néng lí kāi wō zhè jǐ zhōu de shí
软，要等腿部慢慢结实后才能离开窝，这几周的时
jiān dōu shì kào chī mǔ qīn cóng wài miàn dài huí lái de shí wù zhǎng dà
间都是靠吃母亲从外面带回来的食物长大。

你知道恐龙的寿命有多长吗

虽然有的恐龙骨骼上有年轮，但已发现的这类化石数量并不多，我们现在还不能说清恐龙的寿命到底有多长。但长脖子的植食性恐龙的寿命可能要比其他恐龙长一些。如果是热血的恐龙，可能活到一百岁；如果是冷血的，就可能活到二百岁或更长些。

你知道恐龙的各种化石吗

有一些化石是恐龙的骨头、牙齿、鳞等结实的部分，也有些蛋的化石或粪便的化石。这些留下躯体的全部或是一部分的化石被称作“体化石”。还有一些地上留下的足迹、吃东西的时候留在嘴里的食物以及生蛋和抚养小恐龙的窝等，这些有痕迹残留的化石，被称作“痕迹化石”。

通过这些化石，我们可以了解恐龙的长相、生活习性和生活时期等情况。

恐龙化石是如何形成的

周边环境要满足很多个条件才可以形成化石。如果恐龙死后马上就被沙子或泥土掩埋，肌肉和身体柔软的部分渐渐腐烂消失，只留下结实的骨头和牙齿，这样过了很久，上面继续覆盖沙子或泥土，下面的地层就会变得很结实，在这个过程中，恐龙的骨头也会变得和岩石一样坚硬，慢慢就形成了化石。地壳运动使地层上升，恐龙化石也随着上升，才被人们发现。

恐龙化石是如何被挖掘的

恐龙化石被发现后，要根据岩石的硬度和骨骼的位置状态，选择合适的锤子、钻、化学药品等工具，处理掉化石周围的岩石，仔细观察并描绘、记录下骨骼的位置，为以后骨骼重组时做参考和依据。分离化石和岩石时，要用石膏液浸湿的纸或碎布包裹着化石，将其安全地转移到实验室。

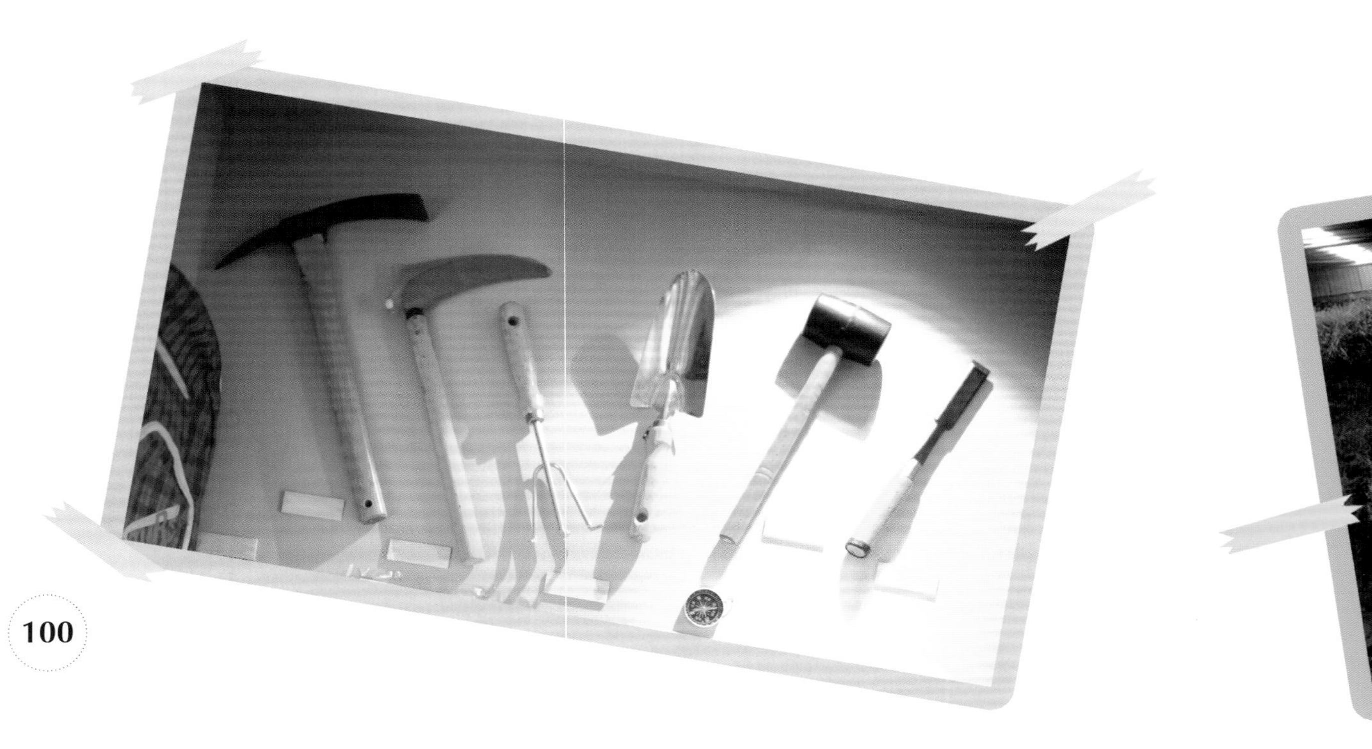

恐龙化石怎样被精心处理

化石被运到实验室后，先要去除石膏，再用钻和锯齿清除那些没有化石的岩石。在靠近化石的部分，要用针或牙科工具非常小心地处理岩石。根据不同情况，可以使用压缩空气的空气粉碎机或在裸露的化石上涂抹保护剂，然后再浸泡在弱酸性溶液里。处理巨大的恐龙化石，有的需要几年的时间才能完成。

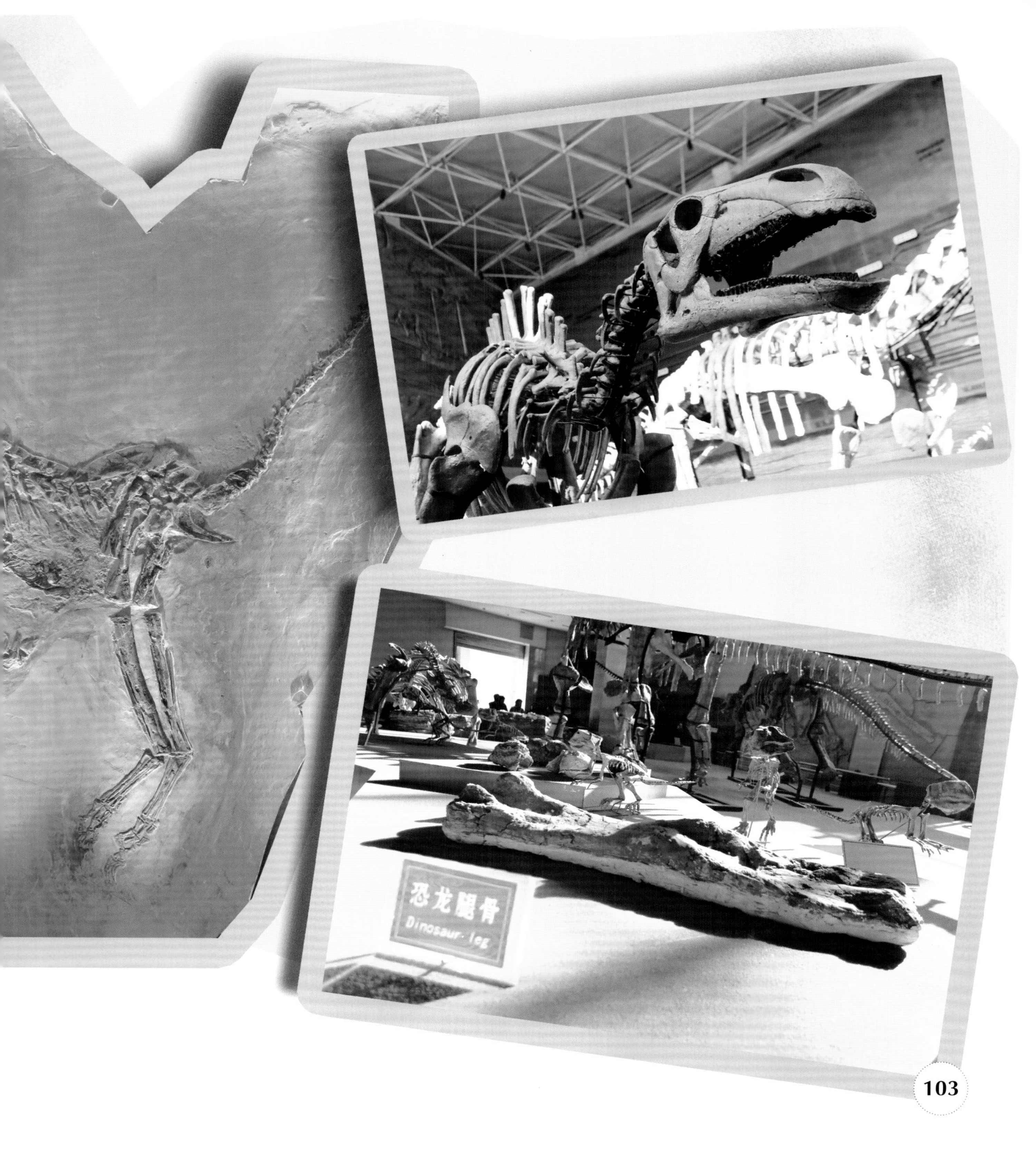
恐龙腿骨
Dinosaur leg

suǒ yǒu de kǒnglóng dōu yǐ jīng miè jué le ma

所有的恐龙都已经灭绝了吗

bái è jì mò qī fā shēng de jù dà zāi nàn dǎo zhì shēng wù dà miè
白垩纪末期发生的巨大灾难导致生物大灭
jué zhì jīn méi yǒu fā xiàn xìng cún xià lái de kǒnglóng kē xué yán jiū yuè lái
绝，至今没有发现幸存下来的恐龙。科学研究越来
yuè biǎo míng niǎo jiù shì méi yǒu suí zhe zhōng shēng dài jié shù ér miè wáng de zhǎng
越表明，鸟就是没有随着中生代结束而灭亡的长
líng máo kǒnglóng yě jiù shì shuō xiàn zài cún huó zhe de niǎo shì yóu xiǎo de ròu
翎毛恐龙。也就是说，现在存活着的鸟是由小的肉
shí kǒnglóng jìn huà ér lái de kǒnglóng de hòu dài
食恐龙进化而来的恐龙的后代。

wǒ men néng gòu què dìng kǒng lóng de sǐ yīn ma

我们能够确定恐龙的死因吗

yì bān qíng kuàng xià, píng wǒ men fā xiàn de kǒng lóng gǔ jià shì bù
一般情况下，凭我们发现的恐龙骨架是不
néng què dìng kǒng lóng sǐ yīn de。 yīn wèi wú lùn shēng bìng huò nì shuǐ ér
能确定恐龙死因的。因为无论生病或溺水而
wáng dōu bú huì zài gǔ tou shang liú xià hén jì。 jí shǐ gǔ tou shang yǒu
亡都不会在骨头上留下痕迹。即使骨头上有
sǔn shāng huò liè hén, wǒ men yě wú fǎ què dìng zhè zhǒng sǔn shāng shì fǒu
损伤或裂痕，我们也无法确定这种损伤是否
shì zhì mìng de, wú fǎ què dìng zhè zhǒng sǔn shāng shì shēng qián hái shi sǐ
是致命的，无法确定这种损伤是生前还是死
hòu fā shēng de。 bú guò yě yǒu yì xiē tè shū qíng kuàng kě yǐ què dìng
后发生的。不过也有一些特殊情况可以确定
kǒng lóng de sǐ yīn, bǐ rú zài měng gǔ guó rén men fā xiàn le yì zǔ
恐龙的死因，比如在蒙古国人们发现了一组
kǒng lóng, zhè xiē kǒng lóng shì bèi shā chén bào mái diào de。
恐龙，这些恐龙是被沙尘暴埋掉的。

恐龙的视力如何

根据恐龙化石眼眶的大小可以推断眼睛的大小，一般来说，眼眶越大，眼睛也就越大，视力也就相应越好。另外，眼睛如果位于头骨前面，两眼之间距离越宽，对外界物体的分辨能力也越准确。植食性恐龙的良好视力能帮助它们尽早发现远处的敌害，及时采取措施。肉食性恐龙的目光敏锐，甚至具有立体视觉，借助这个功能，能够准确地看清远处的猎物，便于迅速地捕捉它们。

nǐ zhī dào nǎ zhǒng kǒng lóng zuì chǒu ma
你知道哪种恐龙最丑吗

zhǒng tóu lóng kě néng shì nà xiē hěn chǒu de kǒng lóng zhōng zuì nán kàn de
肿头龙可能是那些很丑的恐龙中最难看的。
tā de tóu gài gǔ fù yǐ yuán hú xíng de gǔ bǎn, tóu bù de hòu miàn hé zuǐ
它的头盖骨覆以圆弧形的骨板，头部的后面和嘴
de zhōu wéi dōu zhǎng zhe liú, bí zi yě bù mǎn liú zhuàng tū qǐ hé jí zhuàng
的周围都长着瘤，鼻子也布满瘤状突起和棘状
wù, miàn bù kǒng bù
物，面部恐怖。

nǐ zhī dào nǎ lèi kǒnglóng zuì cōng míng ma

你知道哪类恐龙最聪明吗

jīng guò gǔ shēng wù xué jiā yán jiū zhèng míng kǒnglóng bìng bú shì dāi tóu
经过古生物学家研究证明，恐龙并不是呆头
dāi nǎo de shǎ guā ér shì dāng shí dì qiú shang xíng dòng mǐn jié jīng lì wàng
呆脑的傻瓜，而是当时地球上行动敏捷、精力旺
shèng de wù zhǒng gǔ shēng wù xué jiā yòng nǎo liàngshāng de bàn fǎ héng liáng
盛的物种。古生物学家用“脑量商”的办法衡量
kǒnglóng de zhì lì shuǐ píng yuè dà jiù yuè cōng míng jīng guò cè shì fā xiàn
恐龙的智力水平，越大就越聪明。经过测试，发现
tā men de zhì lì yóu gāo dào dī yī cì shì dà xíng ròu shí shòu jiǎo lèi hé xū
它们的智力由高到低依次是：大型肉食兽脚类和虚
gǔ lóng lèi niǎo jiǎo lèi jiǎo lóng lèi jiàn lóng lèi jiǎ lóng lèi xī jiǎo
骨龙类、鸟脚类、角龙类、剑龙类、甲龙类、蜥脚
lèi
类。

为什么很多恐龙都有一条长长的尾巴

这条长尾巴作用可不小呢。首先起到平衡身体前部重量的作用，帮助头和颈部抬起。其次，每当困倦时，它们可以找一个安全隐蔽的地方，把尾巴拖到地上，这时候两条后腿和长尾巴正好构成一个三脚支架，相对稳定，恐龙就可以放心地闭上眼睛睡个好觉了。

xiǎo péng yǒu zhè xiē kǒng lóng nǐ dōu rèn shi le ba shuō yì shuō měi zhǒng kǒng lóng de míng
小朋友，这些恐龙你都认识了吧？说一说每种恐龙的名
zi tā men dōu yǒu shén me tè zhēng ne dōu shuō duì le nǐ kě jiù shì kǒng lóng zhuān jiā
字，它们都有什么特征呢？都说对了，你可就是恐龙专家
la
啦！

图书在版编目（CIP）数据

我的第一本恐龙知识大全/ 文睿编写.—沈阳：辽宁少年儿童出版社，2016.1
（万有童书）
ISBN 978-7-5315-6734-9

Ⅰ.①我…　Ⅱ.①文…　Ⅲ.①恐龙—儿童读物
Ⅳ.①Q915.864-49

中国版本图书馆CIP数据核字（2015）第291994号

出版发行：北方联合出版传媒（集团）股份有限公司
辽宁少年儿童出版社
出版人：许科甲
地址：沈阳市和平区十一纬路25号　邮编：110003
发行部电话：024-23284265　23284261　总编室电话：024-23284269
E-mail:lnse@mail.lnpgc.com.cn
http://www.lnse.com
承印厂：辽宁新华印务有限公司

责任编辑：孟　萍　吴　凡　　责任校对：李　爽
封面设计：孟　萍　豪　美　　版式设计：豪　美
责任印制：吕国刚

幅面尺寸：210mm ×228mm
印　　张：6　　字数：98千字
出版时间：2016年1月第1版
印刷时间：2016年7月第2次印刷
标准书号：ISBN 978-7-5315-6734- 9
定　　价：22.80元